底生動物による環境評価

愛媛県今治地域

―蒼社川における流程分布およびASPT値と多様度指数による分析―

愛媛県立今治西高等学校　生物部

川又俊介　　八塚正剛　　織田峻綺　　工藤大騎
近藤泰晟　　吉田友和　　塩見賢悟

監修　小野榮子(顧問)

櫂歌書房

目 次

はじめに ……………………………………………… 3
今治について ………………………………………… 5
1．研究の概要 ……………………………………… 7
2．研究の動機 ……………………………………… 8
3．研究方法 ………………………………………… 8
　（ⅰ）調査地点の概要 …………………………… 8
　（ⅱ）調査方法 …………………………………… 15
　（ⅲ）評価方法 …………………………………… 19
4．結果 ……………………………………………… 21
　（ⅰ）理化学的水質調査 ………………………… 21
　（ⅱ）生物的水質調査 …………………………… 24
5．考察 ……………………………………………… 47
6．結論（課題） …………………………………… 49
引用文献 ……………………………………………… 51
蒼社川で確認される水生昆虫の紹介 ……………… 53
研究のおまけ ………………………………………… 71
最後に ………………………………………………… 75
今治西高校　生物部の活動 ………………………… 77

はじめに

　愛媛県立今治西高等学校は、愛媛県今治市の中心部に位置する進学校で、文武両道の精神のもと、日々勉強と部活動に精進しています。私たち生物部は現在総勢39名と、文化部にしては大所帯の部活動です。地域河川の水生生物調査をはじめ、ナベブタムシやクマムシ、微生物に至るまで様々な生物について各人の興味に応じて研究しています。大学の先生に来校いただき、「河川生物」や「生態系の保全」に関する講義や現地研修講座を受講したり、各班の研究成果を論文やポスターの形式で、学会などにも積極的に出向いて発表しています。また、僕たち底生生物班のメンバーは、調査河川のクリーン活動や地元小学生を対象とした水生生物観察会など、地域の子どもたちに身近な河川環境の豊かさや自然観察の大切さを感じてもらうための活動も行っています。

図1　水生生物調査会の様子

図2　生物部員飼育水槽の紹介

図3　学会で高校生ポスター発表に参加したときの様子

図4　今西生物部では、「チリメンモンスターを見つけよう」講座を地元の子ども向けイベントで毎年担当。大人気の講座である。

今治について

　愛媛県今治市は、町の中心を2級河川の蒼社川が流れており、瀬戸内海性気候の温暖な土地柄です。また、水産業や造船業、タオル産業の盛んな地域でもあります。しまなみ街道で広島とつながっており、しまなみサイクリングなどのイベントやおんまく祭りなど観光業にも力を入れています（図5）。

図5　愛媛県今治市の位置（赤で囲んである地域）

図6　蒼社川の流域図

1. 研究の概要

　今日、環境保全が早急に解決すべき課題と一般にも認知されるようになり、そこに住む生物の多様性が環境指標として重要視されています。特に河川は、人の暮らしと密接にかかわっており、地域の河川環境を理解し、水系環境を保全していくことは、我々の生活にとっても非常に重要であると考えています。よりよい河川環境を構築し、生態系の保全を図るために、まずは生物群集の種構成や多様性を理解することが大切です。そこで、今治西高校生物部では、平成25年度（2013年）の夏から毎月一回の割合で、愛媛県今治市の中心部を流れている蒼社川流域と、蒼社川に隣接し源流が異なる石手川(松山市)において、川底環境別に理化学的水質調査と底生動物調査を実施しています。本研究では野外調査結果をもとに河川環境を評価し、結果を河川環境の把握と環境保全活動に繋げることを目的としています。

　年間を通じて電気伝導度や底生動物を中心に月一回のペースで定期的に調査し、得られた調査データをもとに、水生昆虫の採取調査資料について考察し、日本版平均スコア法(ASPT)と $Simpson$ の多様度指数に基づき、河川環境の評価を行いました。調査手法の選定や種の同定に当たっては、文献を当たって調べたり、地元愛媛大学の先生からアドバイスいただいたりしました。

　分析の結果、理化学的側面からでは水質は安定を示していたものの、上流域と下流域では明らかに水質が下流部ほど悪化していることが明確に示唆されました。特に、調査地点の下流部においては、自然（台風や大雨など）によるかく乱だけではなく、人為的な環境への介入（護岸工事や一部流域の狭窄、周辺地域からの有機物混入や生活排水など）によるかく乱の影響と見られる状況が見受けられました。底生生物に関しては、確認される種数や個体数だけを見ても、調査した16ヶ月ほどの期間に大きく変化していました。流程分布の比較だけでな

く、ASPT 値や多様度指数による分析調査活動を通して、河川そのものだけでなく、その上流域や流域周辺の環境からの影響も考えなければならないことを学ぶことができました。また、絶滅危惧種に指定されているような貴重な生物たちに出会うこともでき、身近な河川の自然の豊かさを肌で感じることができました。今後も地元河川に親しみ、保全につながる活動をしていきたいと思っています。

２．研究の動機

　河川は、人の暮らしと密接にかかわっており、地域の河川環境を理解し、水系環境を保全していくことは、我々の生活にとっても非常に重要です。

　よい河川環境を次世代に残していくことは、河川生態系の保全を図るためにも、我々人間自身の未来のためにも大切なことであると考えます。そこで、まずは地元の身近な河川から、河川生物群集の種構成や多様性の把握するための調査をし、現状を把握するところからはじめてみることにしました。蒼社川と石手川から複数地点を調査地点とした理由は、我々が所属する高校から近く、年間を通じて継続調査をするのに適していると考えたからです。また、調査地点選定において、３面コンクリート化された場所は人為的影響が大きいことが予測されたため、自然の流底環境であることも重要視しました。

３．研究方法

（ⅰ）調査地点の概要

　本研究では、年間を通じた定点調査をすることにより、底生生物を中心とした河川生物種や理化学的水質の季節変化を解明することを第一の目的としたため、毎月無理なく調査できる程度の距離にあり、且つ河川調査が安定的に安全にできる場所である必要がありました

研究の方法

ので、調査地点の候補地点を、地図上で確認した後、先生の車や自転車で現地に行き、実際に河川周辺環境を確認しながら候補を絞るところから始めました。最終的に、蒼社川（全長約19ｋm）の上流から下流にかけての4地点（St.1〜St.4）および、水源が蒼社川に近く、かつ蒼社川とは逆方向である松山平野側に流れ込む石手川（全長約30km）の1地点（St.5）の計5地点を、調査地点として選定し、毎月1回の割合で2013年6月から定期的に定点調査を始めました（図7）。

蒼社川上流部から下流部にかけての計4地点（St.1〜St.4）と、蒼社川と隣接している石手川水系1地点（St.5）の概要は、以下のとおりです。

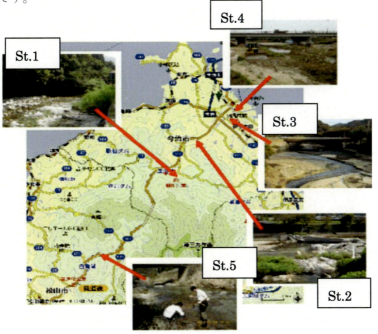

図7　調査地点の地図上での位置関係。

蒼社川上流部(St.1)

標高:約140m　　住所:今治市玉川町
北緯33度98分　　東経132度94分

　調査地上流部には鈍川温泉、四国電力鈍川水力発電所がある。周辺には田畑や少数の民家が存在する。調査地点横には、地元の日帰り温泉施設「せせらぎ交流館」があり、護岸工事がなされている。対岸は山の斜面となっている。斜面側に渓畔林が存在するが河道を覆うほどではない。

図8　蒼社川上流部(St.1)の様子

蒼社川中上流部 (St.2)

標高：約 30m 　　住所：今治市法界寺
北緯 34 度 03 分 　　東経 132 度 96 分

　調査地上流部には堰が存在し、水流が増加している。河川両岸は護岸工事がなされ、コンクリートに覆われている。周辺には、住宅地、水田が広がっている。また、幹線道路が隣接している。

図9　蒼社川中上流部 (St.3) の様子

蒼社川中下流部(St.3)

標高：約10m　　住所：今治市蒼社町
北緯34度05分　　東経132度99分

　河原は、公園となっている。2014年の台風19号による水量増加によって、台風通過以前は河道であった場所に土砂が堆積し、河道が変化したまま現在まで回復していない。

図10　蒼社川中下流部(St.4)の調査風景

蒼社川下流部(St. 4)

標高:約 5m 　　住所:今治市広紹寺
北緯 34 度 55 分　　東経 132 度 99 分

　今治市中心部に位置する。近隣には、住宅地、工場が密集する。下流部ではあるが、河口とも離れ、防潮堤が存在するため、淡水となっている。また、調査地上部では、護岸工事が実施されている。

図 11　蒼社川下流部(St. 4)の様子

石手川中上流部(St.5)

標高:約260m　　住所:松山市藤野町
北緯33度90分　　東経132度86分

　近隣には、日浦小学校がある。松山市中心部へと通じる幹線道路国道号線が隣接する。河川の縁は花崗岩の河原となっている。また、松山市上水道の取水地よりも上流部に位置する。

図12　石手川中上流部(St.5)の調査風景

(ⅱ) 調査方法

　2013年12月〜2015年7月までの計19ヶ月間を調査期間とした。月に1度の割合で上記の計5地点について、それぞれ川底の礫の状態に応じて巨礫（頭大256mm以上）、中礫（拳大64〜4mm）、細礫（4〜2mm）、並びに細礫より粒子が細かく有機物が多い落ち葉-草地の4つの状態に分類し、各川底環境ごとに底生動物の採取を行った。これら川底環境は間接的に流速の違いを表している。

　なお、蒼社川中下流部（St.3）、蒼社川下流部（St.4）に関しては、河川下流部に位置しており、巨礫、中礫の地点が存在しないため、細礫および落ち葉-草地の2地点のみ調査を実施した。

　底生動物の捕獲は、上記の5地点において4種類の川底形態ごとに1.5mmのメッシュ網を用い、3回ずつ、川底面積$0.4m^2$分程度になるように、川底をすくうようにして定量採取した。捕獲した底生動物は全て本校に持ち帰り、同定を行った。同定までに日数がかかる場合は、冷蔵室で保存、エタノールで固定した。

　なお、正確なデータを取るため、大雨で水量が増加した際には、調査を実施せず、水量が回復するのを待って調査を実施した。また、生物種の同定においては、日本産水生昆虫検索図説（川合禎次, 1998）、原色川虫図鑑（谷田一三他, 2001）を利用して行った。自分たちで同定が困難なものについては, 魚類に関しては、愛媛大学理学部井上幹生准教授、水生昆虫に関しては同大学工学部三宅洋准教授に同定頂いた。また、種までの同定が困難な個体に関しては, 属レベルまでの同定とした。

図13 採集調査の様子
（上 St.1、下 St.4）。

図14 実態顕微鏡を使って同定中の部長

研究の方法

図15 部長の見ている世界（左：ノギカワゲラ、右：ハグロトンボの頭部）

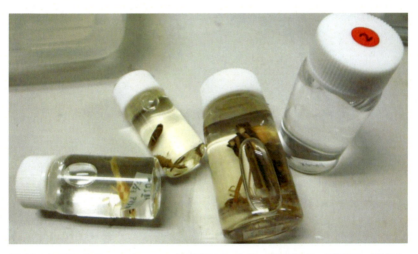

図16 必要に応じてエタノール液浸標本にする。調査地点、調査日、種名などを記入したカードを一緒に封入し、ナンバリングして整理している。

各調査地点において、底生動物の捕獲と並行して、月に 1 度の割合で簡易水質検査キット(シンプルパック®柴田科学株式会社)を用い、pH（水素イオン濃度）、COD(化学的酸素要求量)、NO_2^-(硝酸イオン濃度)、NO_3^-(亜硝酸イオン濃度)、NH_4^+(アンモニウムイオン濃度)を調べた。また、水温、電伝導度も計測した。

図17　電気伝導度や COD などを測定しているところ。

図18

絶滅危惧種の認定がなされているかの確認については、環境省第4次レッドリスト（2012）のほか、愛媛県レッドデータブック（2014）やレッドデータブックまつやま(2012)を活用した。

(ⅲ) 評価方法

同定によって得られた結果を用いて、ASPT値、TS値、多様度指数を算出し評価を行った(清水ら、2013)。なお、春季を3～5月、夏季を6～8月、秋季を9～11月、12～2月を冬季として区切り水生生物の季節推移についても比較を行った。

1) ASPT値 (Average score per taxon)

ASPT値（日本版平均スコア値）は水質状況に周辺環境も合わせた総合的河川環境の良好性を相対的に表す指数である。ASPT値の算出にあたっては野崎（2012）を参考にした。出現した科のスコア値合計（TS）を出現した科の総数で割った値で表されるASPT値は10に近いほどきれいな河川であることを示し、0に近づくほど水質が悪化していることを示す。
なお、ASPT値は小数第二位を四捨五入して、小数第一位まであらわした。

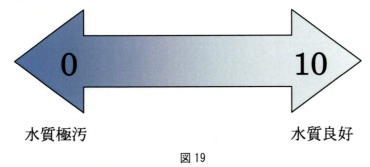

図19

2) *Simpson*の多様度指数

　種の豊富さ（多様性）を測る手法の1つとして多様度指数というものがある。多様度指数の計算方法にはいくつかあるが、生態調査の手法としては*Simpson*の式と*Shannon*の式が多く用いられている。本研究ではシンプルな計算で求めることができる*Simpson*の多様度指数を用いた。この指数は遭遇確率に基づく指数といわれ、例えばある群集の中からランダムに2個体を取り出したとき、その2個体が同じ種、あるいは違う種である確率を考えるとき、群衆が単純であれば同種である確率が高くなり、多様であれば異種である確率が高くなることを考慮して、下記の公式を用いて表すものである。

（*Simpson*の多様度指数（Dと表す））

$$D = 1 - \sum_{i=1}^{S} Pi^2$$

（S=種数、$Pi=ni/N$、$\Sigma ni=N$　$1 \geq D \geq 0$）

　なお、Nはサンプルにおける総個体数、niは同じサンプルにおける種 i の個体数である（玉井ら，2000）から、Pi は調査種全体に対する相対的な優先度を表している。つまり、*Simpson*の多様度指数では、選ばれた2個体が同種である確率の逆数が多様度指数ということになる。

4. 結果
(i) 理化学的水質調査
① 水温について

　気温変化に応じて水温も変動した（図 20）。上流部（St.1）、中上流部（St.5）は下流部（St.4）に比べて標高が高い。そのため、年間を通じて2℃から5℃ほど下流部より水温が低くなっていた。夏季の調査で気温が30℃以上の際でも St.1 では 20℃を上回ることがなかった。調査地点の上流部と下流部では年間を通じて 2℃～7℃の差が見られた。気温が氷点下を下回る冬季の降雪時においても河道は2℃以上を保ち凍結することはなかった。

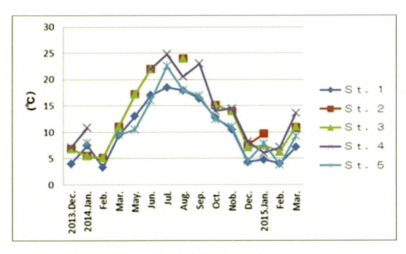

図20　水温の年変化（St.1～St.5）

② pHについて

年間を通じた平均値は、St. 1 から St. 5 のすべての地点においてpH7を若干上回り、塩基性に少し偏る結果となった(表1、表21)。

表1 各地点の理化学的水質調査結果

	pH	COD	NO_2^-	NO_3^-	NH_4^+
St. 1	7.6	0.0	0.0	0.0	0.0
St. 2	7.7	0.0	0.1	0.2	0.1
St. 3	7.3	0.4	0.0	0.0	0.1
St. 4	7.6	1.4	0.0	0.3	0.1
St. 5	7.7	0.8	0.0	0.1	0.0

③ CODについて

上流部 St. 1 では検出されなかった。良好な水質であることがわかった。その他の地点 (St. 2、~St. 5) では若干検出されたものの、1mg／1から3mg／1であり、水質環境基準を満たしている。

④ NO_2^-, NO_3^-, NH_4^+

亜硝酸イオンは、すべての地点で若干検出されたものの年間を通じてどの地点も非常に低い値であった．硝酸イオンは上流部のSt. 1 では検出されなかった。最も値が高かったのは、St. 4 の 0.25mg／1であった。

アンモニウムイオン濃度も上流部で 0.05mg／1以下、と極めて水質が良好であった。その他の地点も 0.10mg／1であった(表1)。

結　果

⑤　電気伝導度

　最低値は、どの地点も 80μs／cm を下回っていた。St. 1 は四季を通じて 40～90μs 低い値が検出されている。しかし、St. 5 は上流部であるが高い値が検出された。夏期から秋にかけて St. 1 では平均より低めの値が出ているが、St. 2～St. 5 では逆に高い値が出ていた。2014 年冬期から 2015 年の春期にかけてはどの地点も値が比較的安定している。また、下流になるにつれて、値が上昇し、下流部（St. 3、St. 4）では 120μs／cm を上回った（図 21）。

表 2　全地点の平均電気伝導度

	春(12～2)	夏(3～5)	秋(6～8)	冬(9～11)	年間平均
(st. 1)	77.3	77.9	73.3	58.8	71.9
(st. 2)	92.3	73.1	88.5	103.7	89.7
(st. 3)	98.3	97.4	125.0	93.5	96.8
(st. 4)	106.7	93.3	109.5	109.3	104.7
(st. 5)	96.0	81.4	107.3	107.0	97.9

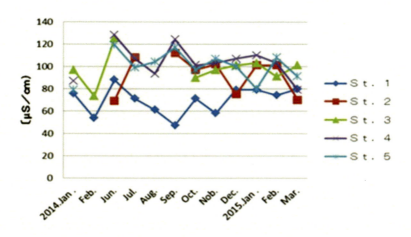

図 21　各地点における電気伝導度の年変化

(ⅱ)生物的水質調査
(a)各地点の出現種比較

　野崎(2012)によりスコアが設定されている種に関して、各地点の結果を表3～表7にまとめた。採取した個体の中に上流部からたまたま流されてきたものもあると考え、連続して、もしくは複数回確認できた種が定着種であるした。3ヶ月以上連続して確認できた科について、科ごとに色を決め、色づけした。例えば3回連続出現していれば、中央の1マスを色づけして示している（表3～7）。

表3　St.1の結果

蒼社川上流	スコア	4月	5	6	7	8	9	10	11	12	1	2	3	4	5	6	7
フタオカゲロウ科	9								1		1	1	1	1			
チラカゲロウ科	9			1	1	1		1	1	1							
ヒラタカゲロウ科	9			1				1		1	1	1	1		1		
コカゲロウ科	6		1			1					1	1					
トビイロカゲロウ科	9		1									1					
マダラカゲロウ科	9		1	1		1					1	1	1	1	1		
モンカゲロウ科	9			1	1		1	1	1	1		1		1			
カワトンボ科	7					1			1					1	1		
サナエトンボ科	7		1	1	1	1		1			1	1	1	1	1		
オニヤンマ科	3																
オナシカワゲラ科	6									1	1	1	1	1	1		
カワゲラ科	9		1			1			1	1	1	1	1	1			
ミドリカワゲラ科	9			1							1	1					
ナベブタムシ科	7		1	1	1	1	1	1			1	1	1	1			
ヘビトンボ科	9			1	1	1	1	1	1	1							
ヒゲナガカワトビケラ科	9		1	1								1			1		
シマトビケラ科	7		1		1	1	1	1	1	1	1	1	1	1	1		
ナガレトビケラ科	9		1	1		1			1	1	1	1	1	1	1		
エグリトビケラ科	10			1													
カクスイトビケラ亜科	10							1				1					
ケトビケラ科	10		1		1		1	1			1						
カクツツトビケラ科	9		1		1	1	1					1	1	1	1		1
ヤマトビケラ科	9																
ガガンボ科	8		1	1				1		1		1		1	1		
ブユ科	7		1									1					
アミカ科	10									1							
ミズムシ科	2																

24

結　果

表4　St.2の結果

蒼社川中上流	スコア	4月	5	6	7	8	9	10	11	12	1	2	3	4	5	6	7
フタオカゲロウ科	9		1									1	1				
チラカゲロウ科	9						1	1	1	1	1	1		1			
ヒラタカゲロウ科	9				1		1			1	1	1					
コカゲロウ科	6								1			1	1	1	1	1	1
トビイロカゲロウ科	9				1		1					1				1	
マダラカゲロウ科	9		1					1	1	1	1	1	1	1	1		
モンカゲロウ科	9							1	1			1					
カワトンボ科	7											1		1			
サナエトンボ科	7		1						1	1		1	1	1			
オニヤンマ科	3											1					
オナシカワゲラ科	6								1	1		1					
カワゲラ科	9							1	1	1	1	1	1		1		
ミドリカワゲラ科	9								1	1							
ナベブタムシ科	7		1	1	1		1	1	1	1		1		1			
ヘビトンボ科	9							1	1						1		
ヒゲナガカワトビケラ科	9		1		1		1		1	1				1			
シマトビケラ科	7				1		1	1	1	1	1	1	1	1	1		
ナガレトビケラ科	9							1	1	1	1	1	1	1	1		
エグリトビケラ科	10		1		1								1	1			
カクスイトビケラ亜科	10																
ケトビケラ科	10						1		1		1		1				
カクツツトビケラ科	9				1					1	1	1	1	1	1		
ヤマトビケラ科	9								1	1							
ガガンボ科	8								1	1			1				
ブユ科	1				1										1	1	
アミカ科	10								1	1		1	1				
ミズムシ科	2							1			1	1	1				

　St.1に比べ、St.2では、サナエトンボ科の確認回数をはじめ、カゲロウ目、カワゲラ目、トビケラ目ともに、確認回数が少なくなっており、確認次期も10月～5月に集中していることがわかる。

表5 St.3の結果

蒼社川中下流	スコア	4月	5	6	7	8	9	10	11	12	1	2	3	4	5	6	7
フタオカゲロウ科	9												1	1	1		
チラカゲロウ科	9								1				1				1
ヒラタカゲロウ科	9																
コカゲロウ科	6		1	1				1				1	1	1			
トビイロカゲロウ科	9											1					
マダラカゲロウ科	9		1	1								1	1		1		
モンカゲロウ科	9																
カワトンボ科	7		1									1					
サナエトンボ科	7											1					
オニヤンマ科	3																
オナシカワゲラ科	6																
カワゲラ科	9											1					
ミドリカワゲラ科	9												1				
ナベブタムシ科	7																
ヘビトンボ科	9																
ヒゲナガカワトビケラ科	9			1													1
シマトビケラ科	7																
ナガレトビケラ科	9																
エグリトビケラ科	10										1						
カクスイトビケラ亜科	10		1														
ケトビケラ科	10												1				
カクツツトビケラ科	9		1	1								1		1	1		
ヤマトビケラ科	9																
ガガンボ科	8										1	1					
ブユ科	7												1				
アミカ科	10																
ミズムシ科	2		1								1	1		1			1

　St.3では、カゲロウ目の確認回数も極端に減り、カワゲラ目はほとんど確認できなかった。上流部にはほとんど見られなかった、ミズムシ科を確認する回数が増えた。

　St.1ではサナエトンボが年間を通じて確認されたが、St.2,3と下流部になるにつれて出現数が減少している。逆に、オニヤンマ科はSt.1では1年間の調査で一度も確認されなかったが、St.2,3と確認回数が増えた。

結果

表6 St.4の結果

蒼社川下流（河口付近）	スコア	4月	5	6	7	8	9	10	11	12	1	2	3	4	5	6	7
フタオカゲロウ科	9						1					1	1	1	1		
チラカゲロウ科	9											1	1				
ヒラタカゲロウ科	9				1							1	1				
コカゲロウ科	6				1							1	1		1		
トビイロカゲロウ科	9																
マダラカゲロウ科	9											1	1	1	1		
モンカゲロウ科	9							1									
カワトンボ科	7			1				1	1			1					
サナエトンボ科	7								1								
オニヤンマ科	3																
オナシカワゲラ科	6																
カワゲラ科	9									1							
ミドリカワゲラ科	9																
ナベブタムシ科	7																
ヘビトンボ科	9																
ヒゲナガカワトビケラ科	9																
シマトビケラ科	7																
ナガレトビケラ科	9																
エグリトビケラ科	10																
カクスイトビケラ亜科	10																
ケトビケラ科	10																
カクツツトビケラ科	9																
ヤマトビケラ科	9																
ガガンボ科	8								1								
ブユ科	7												1		1		
アミカ科	10																
ミズムシ科	2											1		1			

　St.4では上流部と比べて、調査した27科のうち、12科しか確認することができなかった。また、各科の確認回数も非常に少なかった。
　St.3において、カクツツトビケラ科以外のトビケラはほとんど出現しなかった。St.4では、トビケラ科は全く出現しなかった。
　カワゲラ科においても同様に、St.3、St.4においてほとんど出現していないことがわかる（表5、6）。

表7　St.5の結果

石手川中上流	スコア	4月	5	6	7	8	9	10	11	12	1	2	3	4	5	6	7
フタオカゲロウ科	9		1		1						1	1					
チラカゲロウ科	9					1	1	1			1	1					
ヒラタカゲロウ科	9		1	1	1			1	1	1	1	1	1				
コカゲロウ科	6								1								
トビイロカゲロウ科	9	1															
マダラカゲロウ科	9	1	1	1			1			1	1	1	1	1			
モンカゲロウ科	9	1	1		1						1	1	1				
カワトンボ科	7										1	1	1	1			
サナエトンボ科	7	1	1	1	1		1	1	1	1	1	1	1		1		1
オニヤンマ科	3									1	1						
オナシカワゲラ科	6			1					1	1		1					
カワゲラ科	9					1	1	1	1	1	1	1	1				1
ミドリカワゲラ科	9									1	1	1					
ナベブタムシ科	7	1	1	1	1	1	1	1	1	1	1	1	1		1		
ヘビトンボ科	9						1	1						1			
ヒゲナガカワトビケラ科	9		1			1			1	1	1						
シマトビケラ科	7		1	1	1	1	1	1	1	1	1	1	1				1
ナガレトビケラ科	9		1	1								1	1				
エグリトビケラ科	10	1				1	1			1	1	1					
カクスイトビケラ亜科	10					1											
ケトビケラ科	10	1										1					
カクツツトビケラ科	9		1		1		1	1		1	1	1	1				1
ヤマトビケラ科	9							1			1						
ガガンボ科	8		1	1						1		1					
ブユ科	7					1		1			1	1	1				
アミカ科	10						1					1	1				
ミズムシ科	2								1								

　St.5は、蒼社川に隣接する別河川であるが、St.1に近い出現のしかたを示している。特出すべきは、清流の生物として知られるブユ科やアミカ科の確認回数が多かったことである。ナベブタムシやモンカゲロウ類、シマトビケラ科については年間を通じた生息を確認することができた。しかし、生活排水や農業廃水の影響か、川底石には珪藻がびっしり生えており、汚い水の指標生物であるミズムシ科も見られた。

　陸水生物の調査の結果、St.1、St.2の2地点では、連続して採取できた種や確認できた種の構成が似通っていることがわかった（表3、

表7)。また St.5 では1月～3月にかけてアミカを連続して確認することができる期間があったが、St.1 では1月の一回のみであった。また、ブユについても St.5 では冬期に連続して確認できたが、St.1 では連続して確認できなかった（表3，7）。St.1 は夏期から冬期にかけてヘビトンボ科をほぼ年間を通して確認できているが、St.5 では15回中5回しか確認できなかった。また両地点ともカゲロウ科、カワゲラ科、トビケラ科が一年を通して確認できた。

　上流部では確認できなかったスコアの低いミズムシが、St.2～St.5 では出現している。また、カゲロウ科、カワゲラ科、トビケラ科の出現回数と、種数は上流に比べて減少している（表3～7）。St.2 では1月～3月にかけてきれいな川の指標生物であるアミカが連続して確認できた。

　また、下流になるにつれ、多くのカゲロウ科の確認回数が減少しているのに対してフタオカゲロウ科のみ連続して出現している。また、出現している種数についても大幅に減少している。半翅目であるナベブタムシも St.2 より下流では一度も確認できていない。全地点を通して、多くの種が出現しているのは、冬期から春期にかけてであることがわかる（表2～6）。

(b) 川底環境別の調査地点比較
(ア) 巨礫の結果

　St.1、St.2、St.5 では3地点ともに類似した種構成であることがわかった。カゲロウ目が各地点とも約50％と最も多くを占めており、続いて、トビケラ目が約20％、カワゲラ目が約15％を占めていた。また、St.1 では鞘翅目が確認できたが、他の2地点では確認されなかった。主に草地に生息するトンボ目、鞘翅目はほとんど確認できなかった。また、St.2 では、他の2地点に比べ、双翅目の占める割合

が高いことがわかる。また、河川上流部砂地に主に生息する半翅目が河川の瀬に位置する巨礫の地点でも小数ではあるが確認できた（図22、表8）。

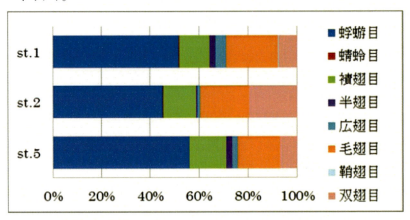

図22　巨礫で確認された水生昆虫の出現割合（%）

表8　出現種数比較【巨礫】

巨礫	St.1	St.2	St.5
蜉蝣目	353	191	349
蜻蛉目	3	1	1
襀翅目	82	56	92
半翅目	18	3	16
広翅目	30	5	14
毛翅目	142	83	107
鞘翅目	2	0	0
双翅目	52	83	43
計	682	422	622

(イ) 中礫の結果

St.1、St.5 では似通った種構成がみられる。St.2 では他の2地点と比較し、極端に個体数が少なく、双翅目が生物群集に占める割合が高い。また巨礫と比較すると、カワゲラ目が生物群集に占める割合が高く、双翅目が占める割合は少ない（図23、表9）。

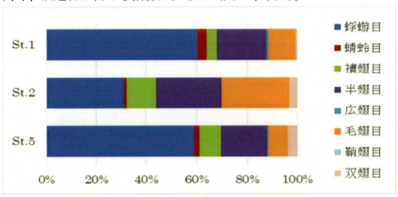

図23　中礫で確認された水生昆虫の出現割合

表9　出現種数比較【中礫】

中礫	St.1	St.2	St.5
蜉蝣目	204	29	325
蜻蛉目	12	1	12
襀翅目	14	11	47
半翅目	66	24	101
広翅目	3	0	2
毛翅目	37	25	43
鞘翅目	0	0	0
双翅目	2	3	21
計	338	93	551

(ウ)細礫の結果

　各地点において他の川底環境の生物群集とは構成が異なっており、他の地点であまり確認されなかった半翅目が上流部 St.1、St.2、St.5 では多くを占めている。これは、河川上流部砂地に主に生息するナベブタムシが多量に生息しているためであると考えられる。また、止水性の砂地に主に生息するトンボ目が占める割合が高いのに対して上流部の瀬に主に生息する広翅目は1個体も確認されていない（図24、表10）。

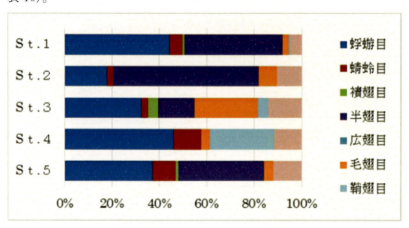

図24　細礫で確認された水生昆虫の出現割合（％）

表10　出現種数比較【細礫】

細礫	St. 1	St. 2	St. 3	St. 4	St. 5
蜉蝣目	98	7	23	12	110
蜻蛉目	12	1	2	3	28
襀翅目	2	0	3	0	4
半翅目	91	24	11	0	106
広翅目	0	0	0	0	0
毛翅目	6	3	19	1	12
鞘翅目	1	0	3	7	0
双翅目	11	4	10	3	35
計	221	39	71	26	295

(エ)落ち葉・草地の結果

　蒼社川上流部St.1からSt.3へと下流部にいくにつれてカゲロウ目、双翅目が生物群集に占める割合が高まり、トンボ目、カワゲラ目、トビケラ目が減少している。St.4では他の地点とは異なり、トンボ目が占める割合が高い。また、St.5では他の地点と比べて圧倒的にトビケラ目の割合が高く、確認個体数が多かった（図25、表11）。

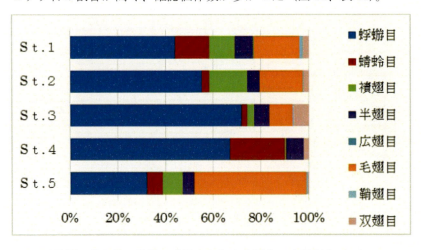

図25　落ち葉・草地で確認された水生昆虫の出現割合（％）

結　果

表11　　出現種数比較【落ち葉・草地】

草地	St. 1	St. 2	St. 3	St. 4	St. 5
蜉蝣目	362	248	186	86	345
蜻蛉目	119	15	6	29	73
襀翅目	88	71	7	1	89
半翅目	62	23	17	9	53
広翅目	3	0	0	0	0
毛翅目	157	81	24	0	502
鞘翅目	11	1	1	0	6
双翅目	22	10	17	3	7
計	824	449	258	128	1075

(オ)季節変動の解析

　どの川底環境においても春期から冬期にかけて確認個体数が大幅に増加していた(図26)。特に上流部での個体数の変動が顕著である。最も変動が大きかったのは落ち葉・草地であり、夏期と春期で600匹もの差が見られた。反対に最も変動が小さかったのは細礫であり、差も100匹ほどである(図27〜30)。

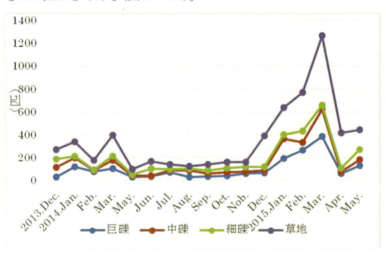

図26　確認個体数の季節変動（全地点合計）

結　果

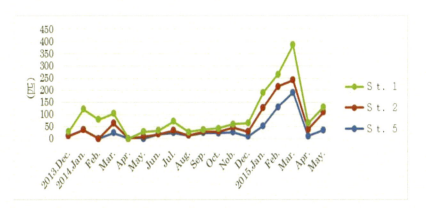

図 27　巨礫における確認個体数の季節変動

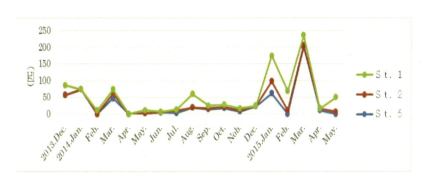

図 28　中礫における確認個体数の季節変動

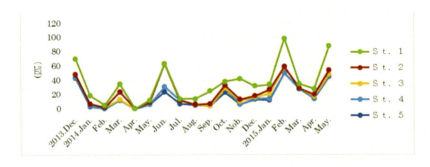

図 29 細礫における確認個体数の季節変動

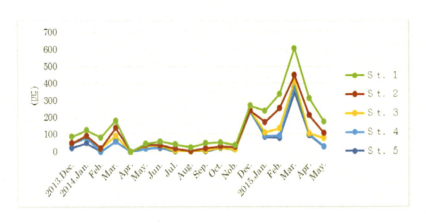

図 30 落ち葉・草地巨礫における確認個体数の季節変動

(カ) 季節変動の各目別比較

冬期から春期にかけてカゲロウ目、トビケラ目が大幅に増加している。他の種は季節による個体数の変動がほとんど見られない（図 31）

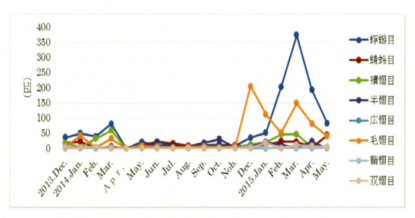

図 31　目別季節変動比較

(キ) 地点別 ASPT の季節別平均値比較

　蒼社川の上流から下流にかけての4地点について、季節別の平均 ASPT を比較した。春期、秋期は平均 ASPT の値が安定していた。冬季は、上流部から下流部にかけてはっきり ASPT 値の差が出ており、採集された生物種が最も多い時期であることがその理由と考えられる。St.1 と St.5 は年間を通じて高い値を示していた。また、最も夏期、冬期の平均 ASPT の差が激しい地点は St.3 であった（図32）。

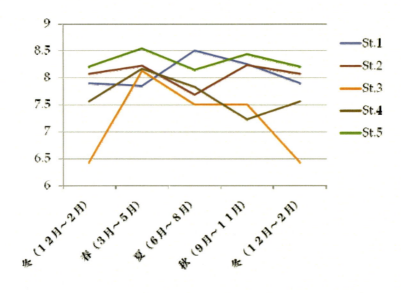

図32　地点別 ASPT の季節別平均値比較

結　果

　夏季に ASPT 値が低下する地点が多かったが、St.1 のみ上昇した。St.4 は下流部であるが平均 ASPT が冬季・夏季ともに St.3 よりも高く、また夏期では St.2 よりも St.4 のほうが高い値を示していた。また、中下流部の St.3、最下流部の St.4 では冬季に上流部より明らかに低い値になった（図 33）。

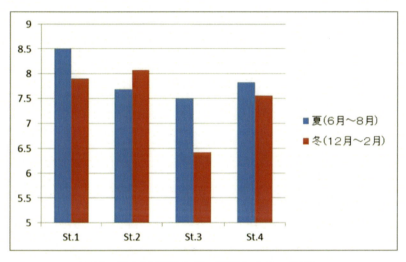

図 33　地点別 ASPT 比較（夏季と冬季の比較）

(ク)多様度指数の比較

　上流部である St.1 と St.5 では約 0.7 と高い値を示しているが、蒼社川中上流部である St.2 で 0.5、同河川下流域である St.3 で 0.49、St.4 で 0.55 となっており、上流と下流で値の逆転が生じていた（図34）。

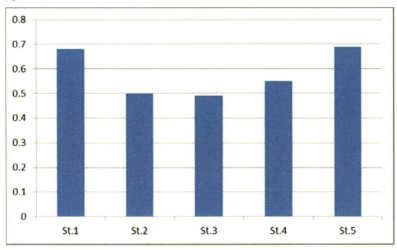

図34　地点別多様度指数比較

結 果

（ケ）地点別総確認個体数

　すべての調査地点において2014年4月～2015年7月までの16か月間の調査結果をもとにスコアが与えられた種の総数と全調査地点の出現個体数、出現種数を表12にまとめた（表12）。また、この調査結果を踏まえて、TS、ASPT、多様度指数を表13としてまとめた（表13）。

　出現個体数、出現種数、TS及び確認種は下流になるにつれいずれも低下している。ムカシトンボ科はSt.1と5の2地点のみ、ヤマトビケラ科はSt.2、St.5の2地点でのみ確認された。オナシカワゲラ科、ミドリカワゲラ科、ナベブタムシ科、ヘビトンボ科、ナガレトビケラ科、アミカ科は、上流部であるSt.1,2,5でのみ確認された。最下流のSt.4ではトビケラ科を確認することができなかった。フタオカゲロウ科の割合が下流になるにつれて増加、反対にマダラカゲロウ科の割合は減少していることが確認された（表12）。

　上流部であるSt.1とSt.5は出現個体数がともに2000個体を超え、出現種数が20種以上であった。ASPT値（日本版平均スコア値）、出現した科のスコア値合計（TS）、多様度指数ともに高かった。St.1から最下流部のSt.4にかけて、出現個体数は最上流部のSt.1を100%としたとき、St.2で約57%、St.3で約29%、St.4では約19%と有意に減少していた。出現種数も下流部ほど少なくなり、TSの値も明確に減少した。しかし、ＡＳＰＴ値、多様度指数の値は最下流部で逆に上昇していた。

表12 総確認個体数の地点別比較

	St. 1(匹)	St. 2	St. 3	St. 4	St. 5	合計
フタオカゲロウ科	53	115	74	27	88	357
チラカゲロウ科	12	35	7	10	12	76
ヒラタカゲロウ科	32	22		5	84	143
コカゲロウ科	31	69	24	10	34	168
トビイロカゲロウ科	15	5	1		46	67
マダラカゲロウ科	416	162	50	5	412	1045
モンカゲロウ科	67	11		4	130	212
カワトンボ科	5	3	6	10	10	34
ムカシトンボ科	2				1	3
サナエトンボ科	85	11		1	84	181
オナシカワゲラ科	39	42			33	114
カワゲラ科	40	31	1	1	97	170
アミメカワゲラ科	17	24	5		12	58
ミドリカワゲラ科	13	15			14	42
ナベブタムシ科	137	41			250	428
ミズムシ科	1	17		4	1	23
ヘビトンボ科	27	5			9	41
ヒゲナガカワトビケラ科	16	20	4		10	50
シマトビケラ科	86	72	1		78	237
ナガレトビケラ科	19	24			10	53
エグリトビケラ科	6	15	5		20	46
カクツツトビケラ科	81	37	18		455	591
ヤマトビケラ科		4			2	6
カクスイトビケラ科	1		1		1	3
ケトビケラ科	26	16	7		10	59
ガガンボ科	19	17	11	1	28	76
アミカ科	3	8			11	22
ブユ科	19	42	2	3	47	113
合計	1299	863	217	81	1989	4449

表13 各地点別 TS、ASPT、多様度指数比較

観測地点	出現個体数	出現種数	TS	ASPT	多様度指数
St. 1	2058	20	107.9	8.20	0.68
St. 2	1170	14	87.4	7.52	0.5
St. 3	588	8	36.8	7.35	0.49
St. 4	396	6	18.2	7.60	0.55
St. 5	2787	22	109.1	8.30	0.69

(コ) 確認できた貴重種

　底生動物の採取調査を実施する中で下記のような多くの貴重種を確認することができた。

○（環境省指定）絶滅危惧種

タベサナエ：準絶滅危惧(NT)

　　　(St.1、St.5)

オオナガレトビケラ：準絶滅危惧（NT）

　　　(St.1)

アカザ：絶滅危惧Ⅱ類（VU）

　　　(St.1、St.2)

○（愛媛県指定）　絶滅危惧種

アカザ：準絶滅危惧ⅠB類（EN）
　　　（St.1、St.2）
タベサナエ：準絶滅危惧（NT）
　　　（St.1、St.2、St.5）
キタガミトビケラ：準絶滅危惧（NT）
　　　（St.1、St.5）

ムラサキトビケラ：準絶滅危惧（NT）
　　　（St.1）
オオヨシノボリ：情報不足（DD）
　　　（St.1、St.2、St.5）

○（松山市指定）絶滅危惧種

モンキマメゲンゴロウ：準絶滅危惧種（NT）
　（St.1　St.5）

ニホンカワトンボ：絶滅危惧Ⅱ類（VU）

5. 考察

（ア）電気伝導度

　蒼社川では下流になるにつれて（St.1～St.4）値が上昇していた。下流域であるSt.3とSt.4では、生活排水の影響で有機物が多く流入した結果、値が高くなったものと考えられる。一方、St.5は、調査地点の上流部付近に田畑があることから、田畑からの栄養塩類の供給が見込まれる。河川がSt.5で湾曲することも影響し、栄養塩類がSt.5に溜まりやすいと考えられる。そのため藻類が繁殖し、電気伝導度について高い値が検出されたと考えられる。実際、この地点は特に初夏から秋にかけて珪藻類が石の表面を被い、川底が褐色化する。

（イ）各地点出現種比較

　上流部（St.1、St.2、St.5）において多く確認されているカワゲラ科はSt.3、St.4では1、2度しか確認できてなかった。このことから確認されたカワゲラ科は増水などによって流されてきた個体であり定着はしていないと考えられる。また、トビケラ科についてSt.3まで確認できているが、St.4では全く確認できなかったことからトビケラ科はSt.4に漂着するまでの間に死滅してしまい、定着できないためであると考えられる。

（ウ）川底環境別季節変動

　冬期から春期にかけてカゲロウ目、トビケラ目が特に増加しており、夏期にほとんど見られなくなっている理由として、カゲロウ目、トビケラ目は年一化性、もしくは二化性の種が多く、そのため春に羽化する個体が多く夏期に幼虫の状態である個体が減少するからであると考えられる。逆に、冬期から春期にかけて終齢個体が増え、調査時に

確認されやすくなったと考えられる（図 26～31）。

（エ）ASPT 比較

　ASPT は算出する際に TS を出現科数で割ることにより求められる。St.3 において夏と冬で平均 ASPT の格差が大きい理由としては、夏期には確認種数が極端に減少し、冬期に出現していた種の多くが夏期には確認できなくなったために、スコアの低い種がほとんど確認されず、スコアの高い種のみが確認されたからだと考えられる。

　上流部である St.1、St.5 の ASPT が高い理由としては、一年を通して連続的にスコアが高い種が出現しているからだと考えられる（表 3～7）。

　St.3、St.4 の平均 ASPT の値が上流、下流で逆転している理由としては、St.4 では出現科数が少ないうえに、その中にスコアが高い科がいたために値が大きくなったと考える（表 32, 33）。St.4 で確認された、スコアが高い科のうちフタオカゲロウ科、マダラカゲロウ科は複数回確認できているが、他の科はほとんど確認できていない。よってこれら二つの科以外は定着個体ではなく、上流から増水などによって流されてきた個体である可能性が考えられる。

（オ）多様度指数

　St.1 から St.3 にかけて、蒼社川上流部から下流部にかけて順次多様度指数が減少しているのに対して、St.4 で逆に指数が上昇している理由としては、出現個体数が St.3 の 3 分の 1 程度まで減少していることから、各科の出現個体数のばらつき（偏差）が少なくなったため、高い値になってしまったものと考えられる。

結論

（カ）底生動物による河川環境評価の検討

　今回の研究によって出現個体数、出現種数、TS は下流になるにつれて減少していっているが ASPT のみ上流と下流で値の逆転が生じている（表12）。このように、出現科数がある程度多ければ ASPT は河川環境評価における指標として十分機能することが確認できた。しかし、出現科数があまりにも少なければ指標として機能しないこともわかった。TS 及び ASPT を合わせて比較することにより、より正確に環境評価を行うことが可能となる。そのためには相応しい評価方法を選択し、総合的に評価することが必要である。また、冬期から春期にかけて最も多くの種が確認できたことから、底生動物を用いての環境評価を行うに当たっては水生昆虫を用いた河川環境評価に当たって，評価を行うデータ採集に季節を考慮することは重要であると考える。水生昆虫の生活史に関する論文（竹門，2004）にも生物季節と集中性のことが指摘されている。今回、調査河川において、絶滅危惧種を含む貴重な水生生物も St.1、St.2 および St.5 で確認できた。

　以上のことから、底生動物を用いた環境評価は十分に有効であると考えられる。また、愛媛県今治市蒼社川流域の河川環境は良好であることが確認できた。

6．結論（課題）

　調査の結果、理化学的側面からでは水質は安定を示していたが、電気伝導度の結果や定生動物の結果は上流域と下流域の違いを明確に示唆しており、特に、St.5 と St.3、St.4 では人為的な環境への介入が見受けられた。また、下流域である St.3 や St.4 では攪乱による影響が激しく、確認される定生動物の種類や個体数が、この 16 ヶ月あまりの間に大きく変化した。生活排水の流入や河川工事による河川の拡大や一部流域の狭窄といった攪乱が種構成の変容に大きくかかわっていることが

推測される。また、調査季節や評価方法によっては異なる水質評価になってしまうことが確認できたことから、河川評価は値だけを鵜呑みにせず、どのような手法でどのような根拠に基づいて行われたものかを重視する必要がある。とりわけ生物多様性の評価は、攪乱の影響や、そこに住む生物種の生活様式にも左右されることを考慮して行うことが必要である。今後の課題として、河川評価における調査方法や評価手法を丁寧に検証し、今回の調査地域だけに当てはまるというものではなく、全国どこでも活用できるよう評価方法の一般化を図る方向の研究を進めていくことが重要であると考える。

調査を通して、蒼社川・石手川の上流部には、とりわけ豊かな自然環境が保全されていることが分かった。また、蒼社川上流部で多く確認できたナベブタムシは、愛媛県では情報不足により絶滅危惧種に指定されてはいるが、千葉県で最重要保護生物（A）に、隣県の香川では準絶滅危惧（NT）に指定されており、全国10府県で指定されている貴重な生物である。これら貴重な水生生物の住処である河川を守るためにも、生息種についての地道な調査と、数値化による河川環境評価は重要であると考える。さらに分析を進めていく中で、調査地の環境だけでなく、その上流域や流域周辺の環境からの影響も考えなければならないことを学んだ。四国において中央構造線よりも北側にあたる高縄山半島の個体群の生息環境は瀬戸内海と断層により隔絶された特異な場所であることから構築される生態系も特殊な物ととらえるべきと考える。その意味でも高縄半島の生態系を調査し、保全していくことは非常に意味があることと考える。これからも地元の水系を中心とした調査を継続し、高縄半島の自然環境を守る活動に取り組みたい。今後の課題は、定期調査地点だけでなく、より上流部や別の河川でも調査を行い、全国的に蒼社川はどの程度きれいなのか比較対象を増やしてさらに考察していきたい。また、数値的にきれいと評価される河川において、その条件についても追求していきたい。

引用文献

1) 安嬰・大村達夫・海田輝之・相沢治郎・佐藤芳光・海藤剛(1933)特定汚染源のない河川の底生動物相による水環境評価―水環境学会誌　第16巻第11号

2) 今西錦司　(2002)　生物の世界ほか

3) 石田昇三、石田勝義、小島圭三、杉村光俊　(1988)　日本産トンボ幼虫・成虫検索図説

4) 石綿進一　(2004)　シロイロカゲロウ属の分類・分布・生活史

5) 井上大輔、中島淳　(2009)　福岡県の水生生物図鑑

6) 植松京子（1998）佐賀県環境センター所報　第14号 p21～28

7) 愛媛県レッドデータブック改訂委員会（2014）愛媛県デッドデータブック 2014　愛媛県県民環境部環境局自然保護課

8) 奥田重俊・佐々木寧（1996）　河川環境と水辺植物－植生の保全と管理－ソフトサイエンス社

5) 金澤康史・三宅洋（2006）コンクリート基質－自然基質間における河川性底生動物の群生構造　応用生態工学　第9号　141～150

9) 川合禎次（1998）日本産水生昆虫検索図鑑　東海大出版会
　　岸本高男・比嘉ヨシ子・花城可英・満本裕彰・7）渡口輝（1995）沖縄県衛生環境研究所報　第29号　p53～56

10) 桑田一男（1995）愛媛県立博物館研究報告（12）p16～47

11) 小林草平・赤松史一・中西哲・矢島良紀・三輪準二・天野邦彦（2013）陸水学雑誌　74　p129～152

12) 柴山和夫（2000）河川と自然環境　理工図書

13) 清水徹也、藤代敏行、大平良（2013）福岡市保環境研報　38

14) 竹門康弘（2004）昆虫と自然　Vol.39 No.6　p4～7

15) 谷田一三、丸山寛紀、高井幹夫（2000）川虫図鑑　全国農村教育協会

16) 玉井信行、奥田重俊、中村俊六（2000）河川生態環境評価法　潜在自然概念を軸として　p.196～198　東京大学出版会

17)津田松苗（1962）　水生昆虫学
18)鶴田優子（2006）佐賀県環境センター所報　第18号 p89～99
19)東城幸治（2004）昆虫と自然 Vol.39 No.6　p8～17
20)中野裕・土肥唱吾・峰松勇二・井上乾生・三宅洋（2008）環境システム研究論文集　Vol.36 p445～452
21)野崎隆夫(2012)大型底生動物を用いた河川環境評価―日本版平均スコア法の再検討と展開―水環境学会誌　第35巻.第4号，ｐｐ.118～121
22)三宅洋・萩原啓司・金澤康史（2013）　州水域の土地利用および河畔林伐採が山地河川の刈取食者に及ぼす影響
23)森下郁子　（1986）生物からみた日本の河川　山海堂
24)福岡県立北九州高等学校　魚部（2009)福岡県の156種水生昆虫図鑑　株式会社マツモト
25)藤島弘純（2001）重信川の自然　創風社出版
26)松山市環境部（2012）レッドデータブックまつやま 2012　松山市環境部

蒼社川で確認される水生昆虫の紹介

【カゲロウ目】

　カゲロウ目は、水生昆虫では最も研究が進んでいる目の一つです。特に、今西（2002）によるヒラタカゲロウ属の流速と棲み分けに関する研究が有名で、流底により、出現する種が違うことから、出現種を河川の流底指標の一つとして捉えることもできます。最近はミトコンドリアRNAの解析を基にした東城（2004）によるカゲロウ目の分布と遺伝的多様性についての研究や石綿（2004）による生活史に関する研究があるものの、水質とカゲロウ目との関係を細かく調べたものはまだあまりありません。年1化性もしくは2化性の種が多く、冬季に幼虫は多く確認されます。

シロタニガワカゲロウ（上流）

エルモンヒラタカゲロウ(上流部・中上流部)

フタバコカゲロウ(中上流部)

同定のポイント:脚に注目!
(部長が言うには・・・)美脚だそうです。

蒼社川で確認される水生昆虫の紹介

シロハラコカゲロウ（中上流部）

シリナガマダラカゲロウ（中下流部）

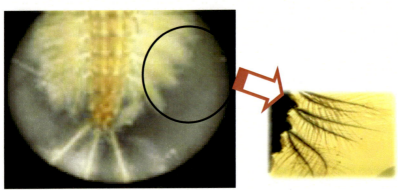

キイロカワカゲロウ（中流）

同定のポイント：なんと言っても、頭部の大きなきばと繊細なエ
　　　　　　　ラ構造です。透過光で見ると細かい枝分かれの様
　　　　　　　子がわかります。

【トビケラ目】

　完全変態する仲間です。カゲロウ目は幼虫形態からいきなり成虫になりますが、この目は羽化の前に蛹の時期を過ごします。独特の巣をつくるタイプと、巣を特につくらないタイプがあります。

ウルマーシマトビケラ（上流部・中上流部）

同定のポイント：幼虫のキチン化した前胸・中胸・後胸の色や模様、形状、および、頭楯前縁の構造で見分けます。

トランスクィラナガレトビケラ（上流部）

（トランスクィラナガレトビケラの）頭部拡大

同定のポイント：前胸部は半透明で縁だけ黒い。

オオナガレトビケラ（上流部）＊　準絶滅危惧（NT）

ナガレトビケラは流れの速い場所にいます。巣はつくりません。

蒼社川で確認される水生昆虫の紹介

エグリトビケラ科の幼虫の巣（上）と頭部（下）

グマガトビケラの巣

カクツツトビケラ属の幼虫と巣

【カワゲラ目】

　不完全変態します。終齢幼虫は羽化が近くなると河川の岸辺へ集まり、陸上に移動していきます。ほぼ肉食で、大きなアゴを持っています。溶存酸素が不足すると、自分で腕立て伏せのように身体をゆするユーモラスな行動により、水流をつくりはじめます。

同定のポイント：幼虫の脚の付け根にエラの有無、肛門エラの有無、後脚に毛があるかないか、頭部と背中の模様などで見分けます。

オオヤマカワゲラ（上流部）

フタツメカワゲラの仲間（上流部）

カミムラカワゲラ属（上流部・中上流部）

蒼社川で確認される水生昆虫の紹介

ミドリカワゲラ科（上流部）

キカワゲラ属の一種（上流部）

【トンボ目】

ダビドサナエ(上流部・中上流部)

コヤマトンボ(中上流部)

蒼社川で確認される水生昆虫の紹介

ハグロトンボ　ヤゴ

ハグロトンボ(頭部拡大)

オニヤンマ

コオニヤンマ

【アミカ科】

クロバアミカ（上流部）

アミカ科の一種

【その他】

ウスバガガンボ属

ブユの仲間（上流部）

蒼社川で確認される水生昆虫の紹介

ヘビトンボ幼虫（上流部）

ヤマトクロスジヘビトンボ（上流部）

　研究成果は、高校生ポスター発表や科学論文としてまとめ、発表しています。上の写真は、日本水産学会全国大会で高校生ポスター発表させていただいた時の写真です。
　第7回坊ちゃん科学賞　「蒼社川におけるカゲロウ目 *Ephenero ptera* の季節消長並びに流底分布」（優良入賞）、神奈川大学全国高等学校理科科学論文大賞「カゲロウ目 *Epheneroptera* に着目した河川の水質評価」（努力賞）。

(研究のお・ま・け)

冬のある日の、St.5での調査の様子を紹介する。

防寒してはいるが、冬の川はやはり冷たく、入水に勇気がいる‥‥

図a　下流にザルをかまえ、石をはぐって川底の生物を一網打尽にする。

水生生物は鮮度が大事！そして、調査といえ、むやみな殺生はしたくない。だから、現地でできるだけ同定を終わらす作戦なんです。もって帰っている間に、劣化してしまうものもありますし・・・。

図b　羽化したばかりのモンカゲロウ

図 c　ザルに入った水生生物の出現種数と個体数を数えて記録する。

　現地で同定できるものは、現地で数えてすぐ元の川に返すことにしている。

図 d　St.5 中礫のバット内の様子。

研究のおまけ

　なぜ、冬場が大変かというと、寒さが厳しいことじゃありません（部長心の声：寒さもあると思うけど・・・）。水生昆虫の多くは年1化性もしくは年2化性で早春から初夏にかけて羽化する種が多く、底生生物用の調査方法では、夏から秋にかけて調査用のザルの網目をすりぬけるほど小さかったり、成虫となって川からいなくなったりするために、冬に比べて種類も数も減少します。逆に言うと冬場の調査で確認される種数や個体数は非常に多く、特に上流部のSt.1やSt.5では、1箇所の調査だけで夏場の3倍以上の時間がかかってしまうのです！！

　小さすぎて判別できなかったり、現地で同定に迷う場合のみ袋に詰め替えて持ち帰り、学校で実態顕微鏡と図鑑を駆使しながらみんなで手分けして同定作業を進めています。夏場は出現種数が少ないのですが、上流部の冬場は大変なんです！！

図 e　実体顕微鏡で同定するため動かないよう水滴封入したカゲロウの仲間。

まあ、図c,dを見ていただけば、お察しいただけると思いますが・・・。
　白いバットの中にはチラカゲロウやヒラタカゲロウの仲間、フタツメカワゲラ、ブユ、アミカなど水生昆虫がうじゃうじゃ！

　大きくてよく見るやつは同定も一瞬でOKなので、まあいいとして・・・2mm以下の小さいやつは**肉眼じゃわかんないよお〜！**
　見てよ！初めて見るヤツ（昆虫）じゃない？学校に帰って調べなきゃ・・・。う〜何とか科までは辿り着いたけど・・・これ以上僕らには**お手上げだあ！**
　しかたない！悔しいけど大学の先生にお願いするしかないなあ。・・・。　ってこんな感じでやってます。

図f　蒼社川の水生昆虫を撮影してつくった部員用同定カード

最後に

　今日、環境保全が早急に解決すべき課題と一般にも認知されるようになり、そこに住む生物の多様性が環境指標として重要視されてきました。特に河川は、人の暮らしと密接にかかわっており、地域の河川環境を理解し、水系環境を保全していくことは、我々の生活にとっても非常に重要です。よりよい河川環境を構築し、生態系の保全を図るためには、生物群集の種構成や多様性を理解することが大切だと感じています。

本研究に当たって、各方面の方々にお力添えをいただきました。魚類の同定については愛媛大学理学部井上幹生准教授、水生昆虫に関しては同大学工学部三宅洋准教授に同定して頂きました。また、自分たちで同定が困難だった水生生物の見分け方の御指導や参考資料の御提供をいただきました。研究手法についての助言も頂きました。この場をお借りして感謝の気持ちをお伝えいたしたいと思います。また、櫂歌書房様の御好意により、ここにこうして書籍にしていただけたことも、ありがたいご縁と感謝しております。最後まで本書をお読みくださいました貴方にも感謝いたします。

愛媛県立今治西高等学校　生物部　陸水生物研究班

※この研究は、科学技術振興機構「中高生の科学部活動振興プログラム」の助成を受けて行った。

今治西高校　生物部の活動

（1）今治西高校生物部の歴史

　戦前の旧制・今治中学時代から「博物部」、「生物部」が存在し、熱心に活動していたという記録が残っている。昭和25年度の新制高校再編とともに「生物部」が正式に発足し、常時30名以上の部員が意欲的な活動に取り組んでいた。昭和30～40年代はテーマを決めた継続研究が熱心に行われており、昭和59年度と61年度には「日本学生科学賞・愛媛県審査」で最優秀を受賞している。

　しかし、平成になってからは活動が低迷し、部員がいない時代がしばらく続いた。その頃には、生物実験室に飼育生物もいなかったようである。平成21年に理科教棟の耐震工事が終わった頃、河野直子教諭が生物実験室でアクアリウムの生物の飼育を始めた。生物部に生徒が入って部活動が復活するのは、小野榮子教諭が赴任した平成22年度からである。小野教諭の生物好きオーラに惹かれた10名ほどの生徒により、生物部の活動が復活した。この頃の活動は、フィールドに出て生物の観察や採集を行うことが主で、生物学オリンピック予選にも参加するようになった。

　平成24年度には、3年生3名、2年生7名、1年生3名の合計13名になった。

写真1　今治港で釣りました。

生物部の活動

写真2　文化祭での出展
（上：生き物観察ブース、下：脳パズルブース）

写真3　近くの山で散策。キノコとりました。

写真4　魚を解剖しつくしました。

生物部の活動

写真5　ブタの眼の解剖しました。たのし〜い♪

写真6　川調査という名の川遊び中！

（2）平成25年度以降の活動

　平成25年4月から、JSTの「中高生の科学部活動支援プログラム」に採択された。1年生がたくさん入部し、班別課題研究が始まった。部員の人数は年々増加し、平成27年度には41名にも達している。また、科学系コンテストにも積極的にチャレンジしている。平成27年度の科学系コンテスト入賞数は21である。

表　生物部の部員数の変化（平成24～27年度）

	H24年	H25年	H26年	H27年
1年生	3	18	12	15
2年生	7	2	14	11
3年生	3	7	3	15
合計	13	27	29	41

4年間の部員数が年々増加していることがわかる。新入部員の増加に起因するところが大きい。

写真7　平成25年度、女子部員が激増した活動風景

（H25年7月、生物実験室）

写真8　生態学会高校生発表会でのポスター発表

（H26年3月、広島国際会議場）

生物部の活動

写真9　JSTの予算で充実した野外活動
（H25年8月、大島の干潟生物の観察）

写真10　部員のアイドル
（生物室前の廊下で飼育されているハムスター）

写真11　河川水生生物観察会の様子(上)と干潟生物観察会の様子(下)

平成25度から大学の先生を講師に向かえ、生物部主催「春講座」を実施している。その一部を紹介する。

平成26年度第1回春講座の日程
　　　講師：愛媛大学工学部　　三宅洋先生
　　テーマ：「なぜ生物多様性か？」
　　〜保全する理由と河川における研究方法〜

　午前の部（講義）：『いい川』の条件についてみんなで意見を出しな
　　　　　　　　がら，河川生態学を楽しく学ぶことができた。河川調査の
　　　　　　　　ことを分かり易く教えていただいた。
　午後の部（野外活動）：快晴の中，市内河川での現地実習を通して
　　　　　　　　水生生物の採集方法や試料整理，データのまとめ方などを
　　　　　　　　分かり易く教えていただいた。

写真12
大学の先生を講師に迎え、
生物部春講座を実施。

平成26年度第2回春講座の日程

講師:愛媛大学教育学部 向平和先生

テーマ:「科学論文作成に必要な生物の記録方法実習講座」

午前の部(実習):**「観察の理論付加性」**というテーマで、実習や伝達ゲームなどを交えながら分かり易く教えていただいた。フクロウのペレット(吐瀉物)からエサのネズミ1匹分の骨格を取り出す実習も行った。

午後の部(実習):スケッチ方法・生物写真の撮影方法についての実習と、科学論文作成において、理論付加が観察力の差になることや正しいデータの処理方法、プレゼンテーション能力の重要性をわかり易く教えていただいた。

写真13

講座の様子(上)

記念撮影(下)

平成 27 年度春講座の日程

午前の部（実習）：**「観察の理論付加性」**というテーマで、科学論文作成において，理論付加が観察力の差になることや正しいデータの処理方法などについての基礎知識を、実習や伝達ゲームなどを交えながら分かり易く教えていただいた。

午後の部（実習）：スケッチ方法・顕微鏡写真の撮影方法・デジタル写真の加工について実際に撮影や観察を通して実践的に学んだ。

その他、大学の施設をお借りしての研究や、小学生との交流活動など地域と密着した活動をしている。

写真14
　　小学生と合同水生生物観察会の様子。黒いTシャツは生物部員。
　　近くの小学校から5・6年生13名が参加。

生物部の活動

　商工会議所主催の地域児童対象イベント**「わんぱく！きずな塾」**で、地域の在来馬の紹介や「いきものに触れよう」「心拍を聞いてみよう」の企画を担当。ボランティアスタッフの一員として、小学生と一緒に炊飯体験やウォークラリー、ウミホタル採集などを行った。

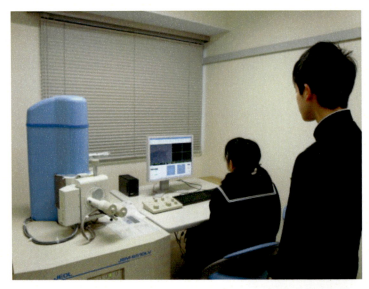

写真15　愛媛大学教育学部の向研究室で、
電子顕微鏡操作などを教わった。

生物部の活動

写真 16 青少年のための科学の祭典に「チリメンモンスターを見つけよう！」講座を出展。2日間で 500 人以上の子が集まり盛況であった。

写真17　日本水産学会の高校生ポスター発表に参加した。
　　　　発表の様子。
「ナベブタムシの耐性に関する研究」（敢闘賞）
「愛媛県今治地域周辺の水生生物」（敢闘賞）

底生動物による環境評価　愛媛県今治地域

|印刷日|2016 年 4 月　1 日　初版　第 1 刷|
|発行日|2016 年 5 月 15 日　初版　第 1 刷|

監修　小野　榮子

著者　川又俊介　　八塚正剛　　織田峻綺　　工藤大騎
　　　　近藤泰晟　　吉田友和　　塩見賢悟

発行者　東　保司

発行所　櫂 歌 書 房

〒811-1365　福岡市南区皿山 4 丁目 14-2
TEL 092-511-8111／FAX 092-511-6641
E-mail：e@touka.com　　http://www.touka.com

発売所　株式会社　星雲社
〒112-0012　東京都文京区大塚 3-21-10